Ali Mohammad Lone

Enamidas: Ocorrência, importância, métodos sintéticos e aplicações

Ali Mohammad Lone

Enamidas: Ocorrência, importância, métodos sintéticos e aplicações

ScienciaScripts

Imprint

Any brand names and product names mentioned in this book are subject to trademark, brand or patent protection and are trademarks or registered trademarks of their respective holders. The use of brand names, product names, common names, trade names, product descriptions etc. even without a particular marking in this work is in no way to be construed to mean that such names may be regarded as unrestricted in respect of trademark and brand protection legislation and could thus be used by anyone.

Cover image: www.ingimage.com

This book is a translation from the original published under ISBN 978-3-659-85094-3.

Publisher:
Sciencia Scripts
is a trademark of
Dodo Books Indian Ocean Ltd. and OmniScriptum S.R.L publishing group

120 High Road, East Finchley, London, N2 9ED, United Kingdom
Str. Armeneasca 28/1, office 1, Chisinau MD-2012, Republic of Moldova, Europe
Printed at: see last page
ISBN: 978-620-6-75549-4

Conteúdo

DEDICADO

TO

OS MEUS QUERIDOS PAIS

1. Introdução

As enamidas constituem uma importante classe de intermediários sintéticos, bem como um componente estrutural de muitos produtos naturais bioactivos. As enamidas, devido à sua elevada reatividade, constituem uma classe importante de grupos funcionais para a preparação de compostos heterocíclicos. A presença de um grupo enamínico adjacente a um grupo retirador de electrões (**Figura 1**) confere às enamidas um carácter nucleofílico. A reatividade das enamidas é semelhante à da ligação C=C e esta caraterística permite a sua incorporação em sistemas complexos. Uma outra caraterística importante das enamidas, que as torna importantes suportes na síntese orgânica e na química medicinal, é o equilíbrio entre estabilidade e reatividade.

Figura 1. Reatividade das enamidas.

As enamidas são tratadas como enaminas deficientes em electrões que consistem em alcenos substituídos por funcionalidades azotadas como a imidazolidinona, a lactama, a oxazolidinona ou a amida. No caso das enamidas cíclicas, a ligação dupla da enamida está limitada a um heterociclo; no entanto, as enamidas β-substituídas com cadeia lateral de alquenilo no azoto existem como isómeros configuracionais (**Figura 2**).

Figura 2. Diferentes tipos de enamidas.

2. Ocorrência

O grupo das enamidas está presente numa vasta gama de produtos naturais com actividades antiparasitárias e anticarcinoma, bem como em compostos farmacêuticos (**Figura 3**).[1] As enamidas benzolactonas constituem uma família de produtos naturais com estruturas diversas que apresentam um anel de macrolactona fundido com benzeno ligado a uma cadeia lateral de enamina N-acilada.[2] Alguns dos compostos pertencentes a esta série de produtos naturais incluem: (a) As oximidinas I (1), II (2) e III (3) presentes em Pseudomonas sp. e que induzem a paragem do ciclo celular nas células transformadas com ras ou src.[3] (b) Salicilialamida A (4) e B (5) isoladas da esponja marinha Haliclona sp. e exibem uma atividade citotóxica promissora.[4] e (c) Lobatamida A (6) e D (7) presentes em Aplidium tunicates[5,6] e que se diz possuírem uma atividade semelhante à das salicilialamidas. Uma caraterística única destas moléculas antitumorais é a presença de uma cadeia lateral de enamida com uma estereoquímica variável em torno de ligações duplas estereogénicas de enamina e de amida α,β-insaturada. A cadeia lateral da enamida foi identificada como participando diretamente no mecanismo de ação destes produtos naturais e, por conseguinte, é importante para conferir atividade biológica a estas moléculas. Além disso, a porção enamida também está presente nos produtos naturais, incluindo as crocacinas A (8), B (9), C (10) e D (11)[7,8] , CJ-12,950 (12) e CJ-13,357(13),[9] apicularens A (14) e B (15)[10,11] e lituarinas (16). As crocacinas são um grupo de moléculas isoladas de mixobactérias do género Chondromyces que actuam como inibidores do sistema de transporte de electrões.[10,11] Nestes compostos, está presente uma cadeia lateral dipeptídica linear invulgar que contém uma parte reactiva de N-acil enamina ou enamida. Este tipo de cadeia lateral está também presente em muitos outros metabolitos de mixobactérias[12] , bem como em produtos naturais isolados de esponjas marinhas.[13] As crocacinas apresentam uma atividade moderada de inibição do crescimento contra algumas bactérias Gram-positivas, bem como inibem as culturas de células animais, leveduras e fungos. Entre as crocacinas (A-D), a CIM da crocacina D contra o fungo Saccharomyces cereVisiae é de 1,4 ng mL^{-1} e o seu IC$_{50}$ contra a cultura de células de fibroblastos de ratinho L929 é de 0,06 mg L .$^{-111}$

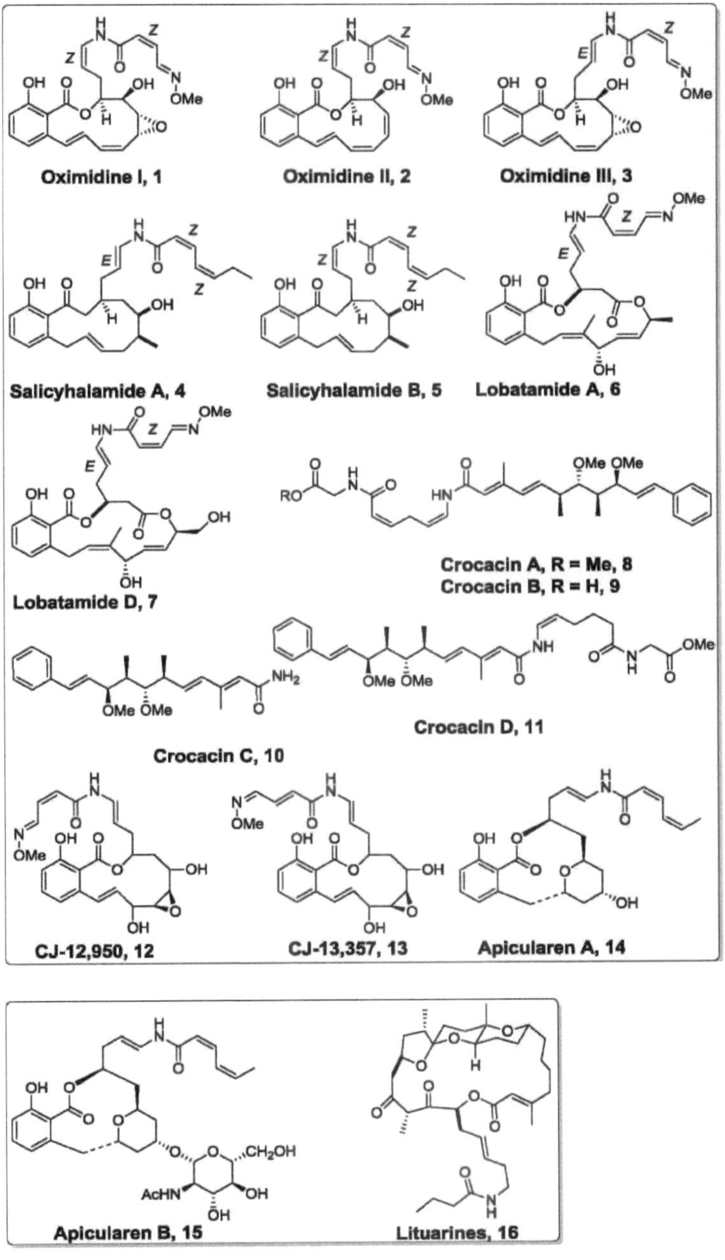

Figura 3. Produtos naturais e compostos farmacêuticos que contêm a fração enamida.

5

Acredita-se que o grupo enamida, após protonação, forma um ião *N-aciliminio* electrofílico que é atacado por sistemas enzimáticos nucleofílicos para formar os conjugados bioactivos correspondentes. A importância da fração enamida na importação de atividade biológica para os produtos naturais e compostos farmacêuticos pode ser compreendida considerando a SAR da salicilialamida A, que é um potente agente anticancerígeno. O IC50 da salicilialamida A (<1 nM) e do seu análogo **17** (3 nM) com a fração enamida intacta é quase o mesmo, no entanto, o IC50 do análogo **18** (> 30nM) sem a fração enamida é significativamente mais elevado (**Figura 4**).[14]

Figura 4. Impacto da porção enamida na atividade anticancerígena da salicilialamida A.

Isolamento de enamida biossurfactante de *Fusarium proliferatum* utilizando farelo de arroz

Um novo fungo *Fusarium proliferatum* foi isolado das lamas contaminadas com óleo da indústria do óleo de arroz-branco, que era capaz de produzir biossurfactante (**Figura 5**) quando cultivado em arroz-branco.[15] O biossurfactante castanho-escuro cor de mel foi recuperado utilizando a ultrassonografia como uma das etapas do processo de extração. O biossurfactante purificado reduziu a tensão superficial da água destilada de 71,2 para 36,6 mN/m e a sua concentração micelar crítica foi calculada em 0,33 mg/mL. O biossurfactante também foi capaz de emulsionar vários hidrocarbonetos, como óleo de coco, óleo refinado, querosene e n-dodecano. A atividade anti-oxidante do biossurfactante bruto foi determinada utilizando ácido ascórbico e 1,1-difenil-2-picril hidrazil (DPPH). O IC50 do biossurfactante foi calculado em 18,81 mg/mL em comparação com o padrão de ácido ascórbico com IC50 de 0,056 mg/mL.

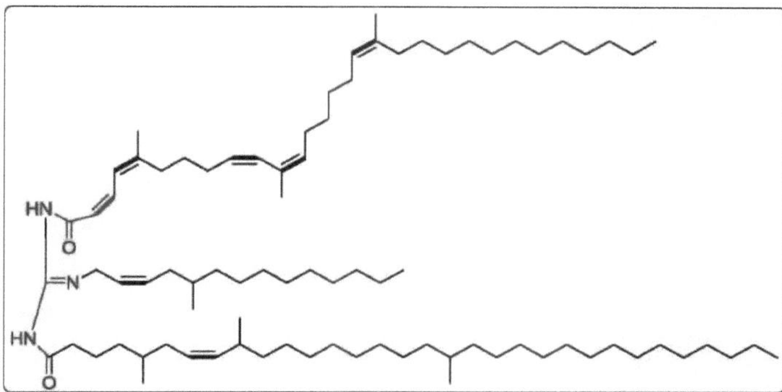

Figura 5. Estrutura do biossurfactante enamida isolado de *Fusarium proliferatum*.

3. Métodos de síntese do motivo enamida

O grupo das enamidas foi reunido através de quatro abordagens principais: (a) A desconexão mais direta é através da clivagem da ligação C-N do carbonilo, o que implica a *N-acilação* de uma enamina, ou seu equivalente;[16] (b) A segunda desconexão é efectuada através da ligação dupla, que pode ser obtida de várias formas, incluindo a eliminação de substituintes α ou β de materiais de base saturados, a condensação de amidas e aldeídos, e isomerizações catalisadas por metais de transição de amidas *N-aliladas* comuns11[7,18] , acoplamento catalisado por metais de transição de derivados como halogenetos de vinilo,[19] triflatos ou tosilatos[20] com amidas e (4) acilação redutora de cetoximas[21] com metal de ferro na presença de dadores de acilo (**Figura 6**).

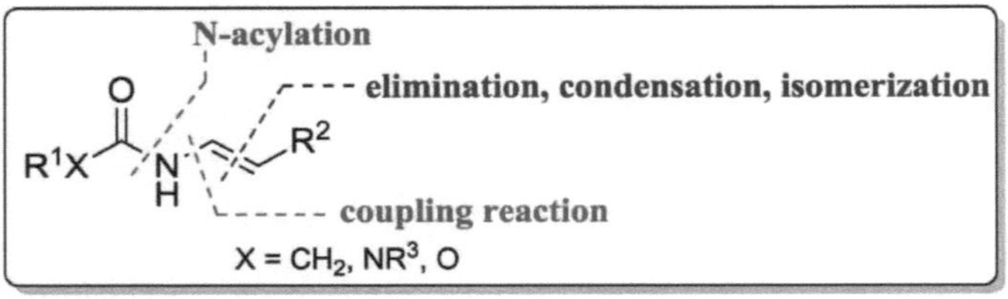

N-acylation

elimination, condensation, isomerization

coupling reaction

$X = CH_2, NR^3, O$

Figura 6. Abordagens de desconexão para enamidas.

Reflectindo a sua importância, foi desenvolvida nos últimos anos uma grande variedade de métodos para a síntese de enamidas. Segue-se uma seleção das abordagens mais comuns e representativas adoptadas até à data.

3.1. Acoplamento de iodetos de vinilo com amidas utilizando catalisadores de cobre(I) (Porco *et al.*)

Em 2000, Porco e colaboradores propuseram um acoplamento catalisado por cobre(I) de iodetos de vinilo e amidas para a síntese de enamidas (**Esquema 1**).[22,23] O agente de acoplamento mais utilizado para esta reação é o carboxilato de cobre(I) e tiofeno (CuTC) de Liebeskind e a base de eleição é o carbonato de césio. Posteriormente, vários grupos improvisaram este método para gerar seletivamente *(E)-enamidas* em condições relativamente suaves.

Esquema 1. Síntese de enamidas por acoplamento de iodetos de vinilo e amidas.

3.2. Amidação de alcenos na presença de catalisador de paládio(II) (Stahl *et al.*)

Em β00γ, o grupo de Stahl introduziu o primeiro método geral para a aminação oxidativa intermolecular de estirenos.[24] Este método envolve um acoplamento catalisado por paládio(II) na presença de oxigénio molecular como oxidante, compatível com uma grande variedade de nucleófilos azotados, como a oxazolidina-2-ona, a pirrolidinona e a ftalimida (**Esquema 2**).

Esquema 2. Síntese de enamidas por aminação oxidativa de estirenos.

3.3. Acoplamento de ynamidas com aldeídos na presença de titânio(II) (Sato *et al.*)

Em 2003, Sato propôs uma nova síntese de enamidas *através do* acoplamento mediado por titânio(II) de ynamidas e yne-sulfonamidas com compostos carbonílicos ou alcinos. O resultado estereoquímico da transformação depende de um complexo intermediário de ynamida-titânio, que se acopla a um aldeído de forma regio- e estereoselectiva, de modo a obter uma única enamida trissubstituída estéreo definida[25] (**Esquema 3**).

Esquema 3. Síntese de enamidas utilizando catalisador de titânio(II).

3.4. Por condensação de amidas e aldeídos (Zezza e Smith)

Em 1987, Zezza e Smith introduziram uma síntese simples de *(E)*-enamidas através da condensação de lactamas com aldeídos em condições suaves.[26] Esta metodologia revelou-se útil tanto para os aldeídos arilo como para os alquilo, que podiam facilmente sofrer a condensação. Num exemplo típico, a piperidina-2-ona foi condensada com fenilacetaldeído para produzir enamida (**Esquema 4**).

Esquema 4. Síntese de enamidas por condensação de lactamas e aldeídos.

3.5. Alkenação *através das* condições de Horner-Woodsworth-Emmons (Hruby *et al.*)

Em β00β, o grupo de investigação de Hruby relatou a alcenação de Horner-Wadsworth-Emmons do 2- bromobenzaldeído com fosforilacetato, que resultou na enamida em bom estereocontrolo a favor do *(Z)-aduto* (**Esquema 5**).[27]

Esquema 5. Método de Hruby para a síntese de enamidas.

3.6. Formação de enamidas por rearranjo diotrópico (Danishefsky *et al.*)

Em 2004, Danishefsky relatou um novo rearranjo de amidas sililadas em *(Z)*-enamidas.[28] Este rearranjo é um belo exemplo de um rearranjo formal, passo a passo, promovido termicamente por um duplo sigmatrópico de 10 electrões, ou diotrópico. A transformação baseia-se num deslocamento chave de 1,4-sililo, no qual o grupo trietilsililo é transferido de C para O. Esta migração TES conduz à formação da espécie alilcarbânion, que sofre depois um deslocamento de 1,4-hidrogénio para obter um intermediário. Uma *protonação N* final permite obter a cis-enamida desejada (**Esquema 6**).

Esquema 6. Síntese de enamidas por rearranjo diotrópico.

3.7. De cetonas por reação com amoníaco e anidrido acético em presença de titânio (Reeves *et al.*)

Em 2012, Reeves *et al.* introduziram uma síntese não convencional mediada por Ti de *N-acil* enamidas com amoníaco. Esta estratégia baseia-se na condensação de uma cetona com amoníaco para dar uma imina ou enamina, seguida de *N-acetilação* com anidrido acético (**Esquema 7**). Esta estratégia provou ser uma abordagem fiável para a síntese específica de *N-acil* enamidas.[29]

Esquema 7. Síntese de enamidas a partir de cetonas.

3.8. Formação de enamidas por hidroamidação de alcinos (Gooßen *et al.*)

Uma das sínteses de enamidas mais convergentes e eficientes em termos de átomos foi proposta por Gooßen e baseia-se na hidroamidação *anti-Markovnikov* catalisada por ruténio de alcinos terminais.[30] A escolha do ligando determina o resultado estereoquímico da reação com ligandos volumosos que favorecem o *isómero (Z)* (**Esquema 8**).

Esquema 8. Síntese de enamidas por hidroamidação de alcinos terminais.

3.9. Síntese de enamidas por olefinação do tipo Wittig (Marquez *et al.*)

O grupo de Marquez explorou *as N-formil* imidas como pseudoaldeídos na síntese de enamidas. Verificou-se que as N-formilimidas sofrem reacções de olefinação do tipo Wittig para a produção de enamidas com um estereocontrolo bastante bom (**Esquema 9**).[1,31]

Esquema 9. Síntese de enamidas e dienamidas a partir de N-formilimidas.

1.10. De álcoois substituídos por reação de eliminação (Collier, Campbell)

Collier e Campbell desenvolveram um método de eliminação de álcoois substituídos promovido por bases para a síntese de enamidas.[32] Este método baseia-se na geração *in situ* de um intermediário mesilato a partir do aminoéster **21** e na sua subsequente eliminação (**Esquema 10**). Foram também documentadas abordagens semelhantes, incluindo a desidratação de álcoois livres, bem como eliminações envolvendo glicosídeos, ésteres e vários outros derivados. O método de Collier e Campbell provou ser uma boa estratégia para a preparação suave de α-aminoácidos enantiopuros e não-proteinogénicos, potenciais blocos de construção de produtos naturais e farmacêuticos.

Esquema 10. Síntese de enamidas por eliminação de álcoois substituídos promovida por bases.

1.11. Síntese de enamidas por ciclo-adição hetero [4+2] (Hong)

Em 2004, Hong propôs uma abordagem hetero-Diels-Alder de procura inversa de electrões para a síntese de enamidas. A abordagem inicial de Hong envolve a reação entre *N-sulfonil-1-* azabuta-1,3-dieno e dimetilfulveno, para gerar a enamida cíclica. O processo teve um rendimento particularmente elevado quando promovido por irradiação de micro-ondas.[33] A reação foi regio- e estereoselectiva e proporcionou uma via eficiente para a ciclopenta[*b*]piridina (**Esquema 11**).

Esquema 11. Síntese de enamidas por hetero-Diels-Alder de Hong com procura inversa de electrões.

Mecanisticamente, a cicloadição ocorre *através de* um estado de transição *endo-cabeça-cabeça*. O estado de transição *endo* é favorecido pela presença de interações orbitais secundárias entre o azadieno e a ligação dupla C5-C6 do fulveno, que estabilizam o estado de transição. Uma segunda interação estabilizadora entre a porção carbonilo do éster e a ligação dupla C1-C2 do fulveno reforça ainda mais a tendência para a transição endo. Estas interações orbitais não são viáveis nos estados de transição desfavorecidos *exo-cabeça-cabeça* e *endo-cabeça-cauda*, respetivamente.

3.12. Síntese de enamidas por acilação de iminas (Funk)

Em 2001, Funk relatou a *N-acilação* da imina com cloreto de benzoílo para obter a enamida[34] com um rendimento razoável (**Esquema 12**). Utilizando estas condições, foi obtida uma variedade de enamidas derivadas do 2,2-dimetil-1,3-dioxano.

Esquema 12. *N-acilação* da imina com cloreto de benzoílo para a síntese da enamida.

3.13. Formação de enamidas por adição de amidas a alcinos (Jacobi)

Em 1996, Jacobi propôs uma ciclização *5-exo-dig* promovida pelo fluoreto de tetrabutilamónio, que conduz de uma amida acetilénica, como a amida alquinilada, à enamida monocíclica 5-metileno pirrolidona (**esquema 13**).[35] Este tipo de ciclização é particularmente útil para substratos altamente substituídos, nomeadamente os que contêm substituintes geminais dimetilo, que provocam o efeito Thorpe-Ingold. A substituição gem-dimetil leva à compressão do ângulo e à redução da entropia de rotação no composto de cadeia aberta, e ao subsequente aumento da tensão, facilitando assim a ciclização.

Esquema 13. Síntese da enamida pelo procedimento de Jacobi.

3.14. Síntese de enamidas utilizando o coletor de reação de Peterson (Fürstner)

Em 2001, Fürstner relatou a síntese estereosselectiva de enamidas em condições suaves, apróticas e básicas. A metodologia de Fürstner baseia-se numa abertura do anel epóxido dirigida por silício com azida de sódio, seguida de redução da azida resultante à amina correspondente, *N-acilação* e eliminação de Peterson para obter a enamida (**Esquema** . Esta metodologia oferece um grande estereocontrolo e um vasto âmbito de aplicação, mas tem a desvantagem de exigir uma sequência de várias etapas.[36]

Esquema 14. Abertura do anel epóxido dirigida por silício para a síntese de enamidas.

1.15. Carbozincação de ynamidas utilizando catalisador de ródio (Lam)

Em β008, o grupo de Lam propôs uma abordagem para a síntese de enamidas multissubstituídas *via* carbometalação de ynamidas cíclicas usando Rh(cod)(acac) como catalisador e Me2Zn, Et2Zn ou *n-Bu2Zn* como reagente (**Esquema 15**). A reação decorre sem problemas, em geral com bons rendimentos e regiosselectividade, mas tem um alcance limitado. De facto, quando se consideraram sistemas acíclicos, verificou-se uma perda de regiocontrolo, levando à formação de misturas isoméricas regionais.[37]

Esquema 15. Síntese de enamidas por carbometalação de ynamidas cíclicas.

3.16. De isocianatos por adição de organometálicos (Taylor)

Em 2000, Taylor e colaboradores exploraram as adições de Grignard a isocianatos de vinilo para a preparação de enamidas insaturadas. A sequência começou com o rearranjo de Curtius da azida de acilo para obter o isocianato de vinilo correspondente que, por sua vez, foi sujeito à adição de Grignard para gerar a enamida desejada (**Esquema 16**). Este procedimento garantia um bom *(E)-estereocontrolo*, mas era, no entanto, uma sequência de várias etapas que sofria de rendimentos globais moderados a baixos a partir de materiais de partida comercialmente disponíveis.[38]

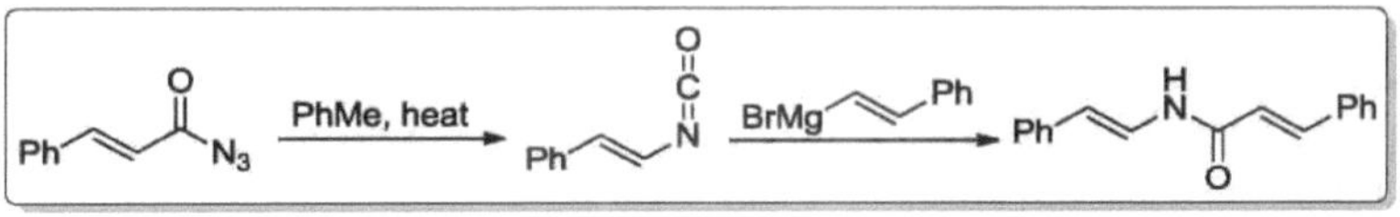

Esquema 16. Síntese de enamidas por adições de Grignard a isocianatos de vinilo.

3.17. Síntese de enamidas a partir de olefinas deficientes em electrões

Em 2014, Lone *et al.* sintetizou enamidas tri-substituídas por uma adição / bromação / eliminação de dominó Aza-Michael e sequência de reação do tipo Morita-Baylis-Hillman em um procedimento de pote (**Esquema 17**).[39] Isto representa um exemplo único de preparação de enamidas (**α-bromo-β-amido-alcenos**) a partir de alcenos simples com a intervenção da combinação NBS/DABCO. O NBS fornece o ião bromo electrofílico e as espécies nucleofílicas de azoto, enquanto o DABCO funciona como um reagente nucleofílico para ativar o NBS e gerar uma espécie de bromo mais electrofílica. Além disso, também facilita a eliminação de HBr e a bromação do tipo Morita-Baylis Hillman para obter novas enamidas (*E*)-funcionalizadas com excelentes rendimentos.

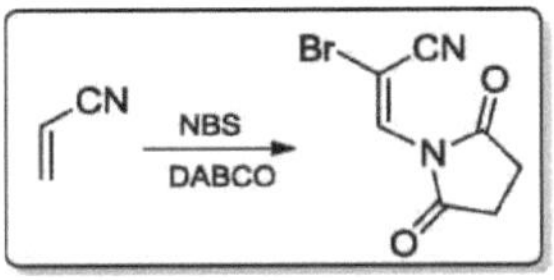

Esquema 17. Síntese de enamidas a partir de olefinas deficientes em electrões.

3.18. Amidação de enol tosilatos catalisada por paládio

ArtisKlapars *et al.*, em 2005, relataram a síntese de enamidas por acoplamento catalisado por Pd de enoltosilatos e amidas na presença de dipf como ligando. Uma variedade de enoltosilatos foi acoplada a uma série de enamidas com um rendimento de 58-97%.[40]

Esquema 18. Síntese de enamidas por amidação de enoltosilatos.

Anteriormente, o mesmo grupo relatou uma amidação catalisada por paládio de enoltriflatos usando o sistema de catalisador Pd2dba3/Xantphos.[41] Mas a utilização de enoltosilatos oferece duas vantagens importantes. Em primeiro lugar, os agentes tosilantes são geralmente menos dispendiosos e mais facilmente disponíveis do que a N-feniltriflimida, o reagente utilizado para preparar enoltriflatos. Em segundo lugar, do ponto de vista do desenvolvimento do processo, a cristalinidade associada aos enoltosilatos proporcionaria um meio conveniente para o isolamento e a purificação do produto.

3.19. Por acoplamento de iodetos de vinilo com um hemiaminal de maleimida protegido

Robert S. Coleman relatou uma estratégia unificada para a síntese divergente e estereocontrolada das cadeias laterais (*E*)- e (*Z*)-enamida das oximidinas I, II e III, salicilialamidas A e B, lobatamidas A e D e CJ-12,950. A síntese baseou-se no acoplamento C-N, promovido pelo cobre, de iodetos de (*E*)- e (*Z*)-vinilo com um hemiaminal de maleimida protegido, seguido de desproteção e reação dos hemiaminais de (*E*)- ou (*Z*)- enelactama resultantes com O-metil hidroxilamina ou propilideno trifenil fosforano.[42]

Esquema 19. Síntese de enamidas de forma divergente e estereocontrolada.

3.20. Adição de metil-lítio a nitrilos mediada por brometo de lítio

Ce'cile G. Savarin relatou um protocolo melhorado para a formação de N-acetil enamina que envolve a adição mediada por LiBr de MeLi a nitrilos substituídos. As enamidas resultantes são isoladas com elevados rendimentos e excelente pureza, o que permite a hidrogenação subsequente com uma carga de catalisador muito baixa.[43]

Esquema 20. Síntese de enamidas a partir de nitrilas.

4. Aplicações sintéticas das enamidas

O desenvolvimento de métodos sintéticos avançados, o equilíbrio entre estabilidade e reatividade e a reatividade semelhante à do alceno tornam as enamidas em suportes muito valiosos para a síntese de sistemas complexos. Algumas das transformações comuns de enamidas, enecarbamatos e enesulfonamidas em que as enamidas são de valor sintético são discutidas abaixo.

4.1. Enamidas como nucleófilos

A presença da parte enamínica confere nucleofilicidade às enamidas e, assim, reagem com vários electrófilos, como os aldeídos, em condições catalíticas. Kobayashi *et al.*,[44] relataram que as enamidas reagem com aldeídos na presença de catalisador de Cu de forma enantioselectiva para formar o produto de adição correspondente (**Esquema 21**). No entanto, a enantioselectividade do produto obtido por este método foi baixa.[45]

Esquema 21. Adição de enamida a aldeídos.

A reação de electrófilos imínicos com enamidas formou β-amino iminas na presença de catalisador Cu quiral que não funcionou com aldeídos simples (**Esquema 22**).[46] As enamidas reagem também com iminofosfonatos para formar ácidos fosfónicos[47] , diazodicarboxilatos para formar produtos α-amino[48] e aldeídos (α-oxo aldeídos) para produzir electrófilos úteis.[49]

Esquema 22. Adição de enamida a iminas de glioxalato.

As enamidas também sofrem uma reação de Michael enantioselectiva com compostos de carbonilo α,β-insaturados para obter γ-cetomalonatos após hidrólise com bom rendimento e seletividade (**Esquema 23**).[50]

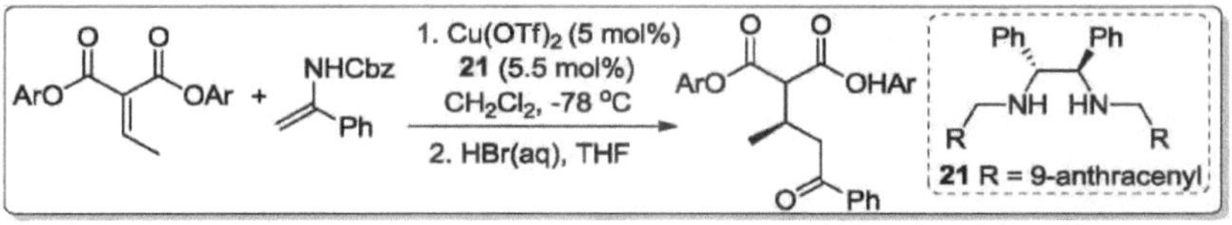

Esquema 23. Reacções de Michael de enamidas enantioselectivas.

As enamidas, quando tratadas com glioxais na presença de ácidos fosfónicos à base de binol como ácidos de BrØnsted quirais, produzem facilmente as β-hidroxicetonas (**Esquema 24**).[51]

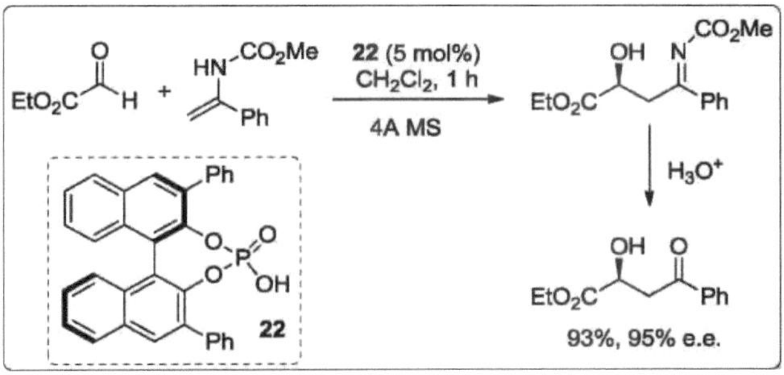

Esquema 24. Reacções de aza-eno com enamidas.

A piperidina é sintetizada enantiosselectivamente a partir da enamida por reação com a imina através de um intermediário β-amino imina que sofre um ataque nucleofílico pela segunda enamida seguido de ciclização (**esquema 25**).[52]

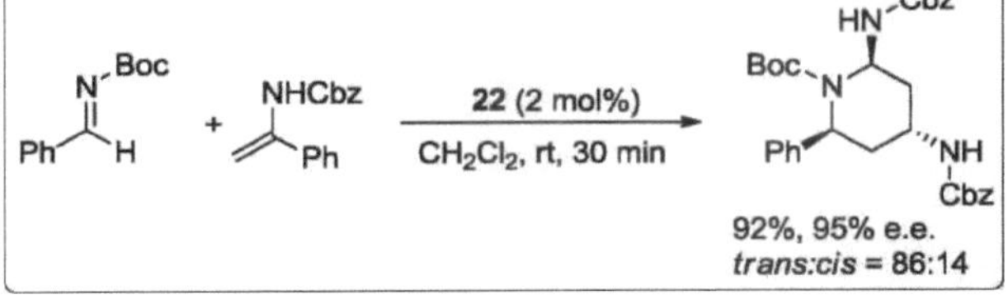

Esquema 25. Uma cascata enantioselectiva de enamidas e iminas.

4.2. Enamidas como electrófilos

As enamidas, quando tratadas com ácidos de BrØnsted quirais, formam iões imínio quirais que são de natureza electrofílica e, por conseguinte, reagem com nucleófilos.[53] Tanto as enamidas simples como as substituídas reagem com indóis na presença de catalisadores de fosfonatos à base de binol para obter o produto correspondente de forma enantiosselectiva e com excelente rendimento (**Esquema 26**).[54]

Esquema 26. Alquilação do indol por electrófilos derivados da enamida.

4.3. Reacções catalisadas por metais de transição

As enamidas, quando expostas ao catalisador de segunda geração de Grubb, sofrem reacções de metátese de fecho do anel para obter enamidas cíclicas.[55] A metátese de fecho do anel da enamida é obtida por Petasis-metilenação one-pot e o tratamento subsequente com o catalisador de segunda geração de Grubb permite obter o produto de metatese dihidroquinolina (**esquema 27**).

Esquema 27. Metátese de fecho do anel de metilenação-enamida em tandem.

As enamidas também são submetidas a reacções Heck para obter os correspondentes produtos acoplados Heck com bons rendimentos. A reação de Heck assistida por micro-ondas da enamida na presença de Mo(CO)6 foi utilizada para a síntese da indanona (**Esquema 28**).[56]

Esquema 28. Enamidas utilizadas numa reação de Heck carbonilada.

As enamidas, quando tratadas com ácidos fenil borónicos em condições de Heck oxidativo, produzem os produtos acoplados correspondentes com bons rendimentos (**Esquema 29**). A seleção dos solventes revelou que os líquidos iónicos são a melhor escolha para obter bons rendimentos e controlo de região nas reacções de Heck.[57]

Esquema 29. Reação de Heck de enamidas em líquidos iónicos.

A utilidade das enamidas na química orgânica sintética foi ainda demonstrada pelo laboratório Hsung. Num dos seus relatórios, as oxazolidinonas quirais foram sujeitas a epoxidação *com m-CPBA*. A epoxidação da enamida foi seguida pela abertura do anel mediada pelo ácido *m-clorobenzóico* para obter uma mistura 1,3:1 de aminal anomérico (**Esquema 30**).[58] O trabalho subsequente centrou-se na ciclopropanação de enamidas oxazolidinonas quirais.

Esquema 30. Trabalho de Hsung com enamidas.

Drake utilizou enesulfonamidas cíclicas com funcionalidade alquina pendente para a preparação de sistemas *de espiro-minas* na presença de catálise de Pt(II).[59] Neste esquema, a ativação do alquino seguida da redução num único lote mediada por Et3SiH resultou na formação de *espiro-*

piperidina com bom rendimento (**Esquema 31**).

Esquema 31. *Espirociclizações* catalisadas por Pt(II).

4.4. Reacções pericíclicas

As enamidas sofrem reacções pericíclicas, incluindo reacções de cicloadição, sigmatrópicas e electrocíclicas. A enamida conjugada, ao ser tratada com um dienófilo na presença de um complexo Cr-salen, sofre uma reação de Diels-Alder estereosselectiva para obter carbamatos de ciclo-hexenilo sinteticamente úteis em grande excesso eneantiomérico (**esquema 32**).[60]

Esquema 32. Reação de Diels-Alder de enamidas.

As enamidas sofrem um rearranjo sigmatrópico para formar um aminoálcool através do rearranjo [3,2]-Wittig. Nesta reação, formam-se derivados de 1,2-amino álcool de forma altamente diastereoselectiva (**Esquema 33**).[61]

Esquema 33. Rearranjo [3,2]-Wittig de enamidas.

O rearranjo de Ireland-Claisen [3,3]de enamidas para formar β-aminoácidos foi demonstrado por Carbery pela primeira vez. Neste rearranjo, ésteres enamido-alílicos secundários sofrem rearranjo através de acetal de silil ceteno para resultar na formação de β-aminoácidos.[62]

As enamidas também apresentam reacções electrocíclicas. Para a síntese do andaime de indol substituído presente nos alcalóides da trikentrina, a 2,3-pirrolina foi submetida a reacções térmicas de fecho do anel 6p-electrocíclico (**Esquema 34**).[63] A estratégia foi utilizada na síntese de estruturas presentes em produtos naturais, incluindo a welwistatina,[64] dragmacidin E[65] e nakadomarin A .[66]

Esquema 34. Reação electrocíclica de enamidas.

4.5. Reacções radicais

As enamidas actuam como bons substratos para reacções radicalares e o conceito foi utilizado para a síntese de lennoxamina por Ishibashi. Neste esquema, a enamida, após tratamento com Me6Sn2 na presença de luz, sofre uma ciclização regiosselectiva de *7-endo* e subsequente substituição aromática homolítica para obter lennoxamina em 41% (**Esquema 35**).[67]

Esquema 35. Uma entrada de ciclização radicalar em tandem para o esqueleto da stemonamida.

Numa outra abordagem, o grupo de Ishibashi utilizou a reação radicalar de enamidas para obter as sínteses de (±)-stemonamida e (±)-isostemonamida. Para o efeito, a enamida foi tratada com 1,1-azobis-ciclohexanocarbonitrilo e Bu3SnH para sofrer uma reação de ciclização em cascata de duplo radical (**Esquema 36**). O produto formado incluía triciclos diastereoméricos 1:1 com um rendimento respeitável, que foram elaborados em produtos naturais (±)-stemonamida e (±)-

isostemonamida.[68]

Esquema 36. Formação de pirrol a partir de enesulfonamida.

Zard utilizou a reação de radical livre da sulfonamida para a síntese de pirróis. O piruvato de etilo obtido a partir do substrato enesulfonamida actua como aceitador de radicais α-ceto, resultando na formação de gama-cetoiminas que sofrem ciclização para formar pirróis (**Esquema 37**).[69]

Esquema 37. Síntese da lennoxamina de Ishibashi.

4.6. Reacções fotoquímicas

As enamidas, quando tratadas com aldeídos na presença de radiações fotoquímicas, sofrem a reação de Paterno-B"uchi para formar oxetanos.[70] Além disso, os enecarbamatos sofrem a reação de Paterno-B"uchi para formar amino-oxetanos diastereoselectivamente com bom rendimento na presença de oxidação de singlete. Uma cicloadição [2+2] estereosselectiva de enecarbamatos com oxidação de singlete resulta na formação de amino oxetanos (**Esquema 38**).[71,72]

Esquema 38. Reação de Paterno-B"uchi com enamida.

4.7. Síntese de heterociclos

As enamidas podem ser convertidas em piridinas por ativação com anidrido triflico na presença de 2-cloropiridina para formar *N-vinil* iminiumtriflato seguido de tratamento com alcinos ou alcenos heterosubstituídos ricos em electrões (**esquema 39**).[73] As amidas de N-vinilo ou de arilo reagem também com nitrilos na presença de anidrido triflico e 2-cloropiridina para formar os derivados de piridina substituídos (**esquema 39**).[74]

Esquema 39. Síntese da piridina utilizando enamidas.

As enamidas também podem ser transformadas em oxazóis e pirróis com bons rendimentos (**Esquema 40**).

Os oxazóis são formados por aquecimento de enamidas na presença de iodo e DBU.[75] O derivado de enamida *di-N-bocidrazina* pode ser convertido em pirrol na presença de Cu(I). Nesta sequência, o derivado enamídico *di-N-bochidrazina*, após aminação com Cu(I), seguido de rearranjo [3,3]-sigmatrópico, produz os pirrolos (**esquema 40**).[76]

Esquema 40. Síntese de oxazóis e pirróis.

As enamidas também actuam como substratos para a preparação de pirróis complexos, indóis e indulinas (**Esquema 41**). Quando as iodoenamidas são tratadas com alcinos na presença do catalisador $Pd(OAc)_2$ -LiCl, formam-se pirróis complexos com bom controlo e rendimento.[77] Obtêm-se iodoenamidas e indulinas 2-arílicas por tratamento da α-fosforiloxi enamida com Pd(PPh3)4 e PB(OH)2 através de um protocolo simples e conveniente (**Esquema 41**).[78]

Esquema 41. Síntese dos pirróis.

4.8. Cloração e bromação estereosselectivas de enamidas

Tanto as (*E*)- como as (*Z*)-enamidas podem ser convertidas nas correspondentes α-cloroenamidas e α-bromoenamidas (*Z*)-configuradas utilizando $NiCl_2$ - $6H_2$ O ou brometo de tetrabutilamónio como fonte de halogenetos e (1,1-diacetoxiiodo)benzeno como oxidante (**Figura 42**).[79] A formação estereosselectiva da configuração (*Z*) nesta reação é controlada pelas atracções electrostáticas entre os átomos de azoto carregados positivamente e os átomos de oxigénio do grupo carbonilo (**Figura 43**).

Esquema 42. Cloração estereosselectiva da enamida.

Esquema 43. A configuração estereosselectiva (*Z*) é controlada pelas atracções electrostáticas.

4.9. Cicloadição [4+2] formal desidratante catalisada por ruténio de enamidas e alcinos para a síntese de piridinas altamente substituídas

As enamidas são utilizadas para a síntese de piridinas altamente substituídas através de um protocolo suave e económico que envolve a cicloadição [4+2] desidratante catalisada por ruténio com alcinos (**Esquema 44**).[80] Este procedimento tem a vantagem de apresentar excelentes regiosselectividades na preparação de uma vasta gama de substratos.

Esquema 44. Síntese de piridinas altamente substituídas a partir de enamidas.

Anteriormente, as enamidas foram utilizadas para a síntese de pirróis substituídos (**Esquema 45**).

Esquema 45. Síntese de pirroles a partir de enamidas.

4.10. Trifluorometilação de enamida catalisada por ferro

A trifluorometilação da enamida é efectuada utilizando um catalisador de ferro(II) em condições simples e suaves (**Esquema 46**).[81] A fonte de triflorometano utilizada nesta reação é o reagente de Togni, que é muito fácil de manusear. As caraterísticas da reação incluem uma ampla gama de substratos e regiosselectividade na posição C3.

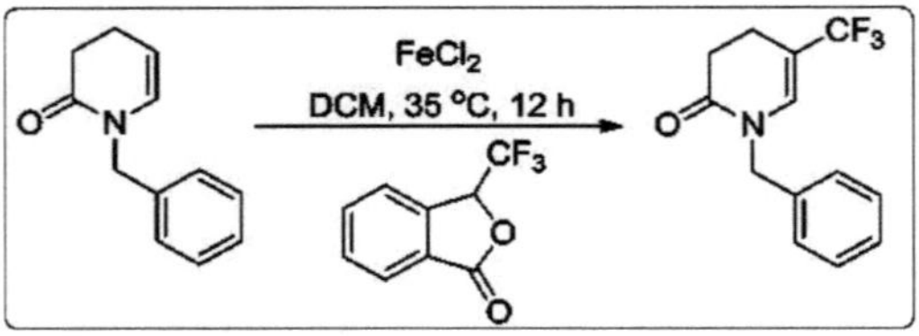

Esquema 46. Trifluorometilação das enamidas utilizando o catalisador ferro(II).

5. Síntese de moléculas de enamida presentes em produtos naturais

5.1. Sínteses relatadas de (+)-crocacina A

5.1.1. A abordagem de Rizzacasa

A primeira síntese total da (+)-crocacina A foi efectuada pelo grupo de Rizzacasa em 2003. Neste esquema, a fração enamida da (+)-crocacina A foi sintetizada a partir do dienoato **25** que, após transformação no cloreto de acilo correspondente, foi acoplado ao carbamato **26** para produzir a enamida **27** (**esquema 47**). A desproteção do grupo sililo e a subsequente oxidação do álcool primário conduziram à formação do ácido carboxílico correspondente **28**. A desproteção por TBAF foi seguida de um acoplamento mediado por DPPA com o éster metílico da glicina **29** para obter a (+)-crocacina A.[82]

Esquema 47. Abordagem de Rizzacasa para a introdução da fração enamida na (+)-crocacina A.

5.1.2. A abordagem de Chakraborty

Em 2003, Chakraborty completou também a síntese total da (+)-crocacina A através de uma abordagem independente. Neste caso, o ácido carboxílico **31** foi sujeito a um acoplamento mediado por EDCI com a cadeia lateral de amina **30** para obter a amida **32**. A manipulação do grupo protetor seguida da oxidação do álcool primário produziu o ácido carboxílico **33**. O acoplamento do péptido promovido por EDCI com o éster metílico da glicina **34** deu origem ao dipeptídeo **35** (**esquema 48**).[83]

Esquema 48. Síntese da fração enamida na abordagem de Chakraborty da (+)-crocacina A.

5.2. Sínteses relatadas de (+)-crocacina B

5.2.1. A abordagem de Rizzacasa

Em β008, o grupo de Rizzacasa completou a síntese total da crocacina B. A porção enamida foi sintetizada por acoplamento promovido por DCC entre o ácido carboxílico **36** e o éster de glicina TMSE **37**, resultando na enamida **38** (**Esquema 49**).[84]

Esquema 49. Método de Rizzacasa para a introdução da enamida na (+)-crocacina B.

5.3. Sínteses relatadas de (+)-crocacina C

5.3.1. Síntese de Roush

Na síntese de Roush da (+)-crocacina C, a cadeia lateral de iodeto **39** foi acoplada ao estanano **40** em condições de acoplamento de Stille para obter (+)-crocacina (**esquema 50**).[85]

Esquema 50. Acoplamento da cadeia de iodeto com o estanano na síntese da (+)-crocacina C de Rizzacasa.

5.3.2. A abordagem de Chakraborty (2001)

Na síntese de Chakraborty da (+)-crocacina C, a introdução do fragmento C-N foi conseguida por saponificação do éster **41** com hidróxido de lítio e subsequente ativação do ácido carboxílico resultante (**Esquema 51**).[86]

Esquema 51. Introdução do fragmento C-N na síntese da (+)-crocacina de Chakraborty.

5.3.3. A abordagem de Dias (2001)

Na abordagem de Dias para a síntese da (+)-crocacina C, a cadeia lateral **42** contendo estanano foi sujeita ao acoplamento de Stille com iodeto de vinilo **43**, utilizando trifenil arsina como ligando, para aceder à (+)-crocacina C (**esquema 52**).

Esquema 52. Método de Dias para a formação de ligações C-N para a síntese da (+)-crocacina C.

5.3.4. Abordagens de Andrade (2008-2010)

Andrade adoptou o procedimento de Chakraborty para converter o éster **44** na (+)-crocacina

C. A saponificação do éster, a ativação do ácido resultante e a amidação permitiram obter (+)-crocacina C (**esquema 53**). [88]

Esquema 53. Método de Andrade para incorporação da enamida na (+)-crocacina C.

5.3.5. A abordagem de Burke (2008)

Burke relatou uma abordagem nova e original para a síntese da (+)-crocacina C. Nesta abordagem, o iodeto **45** foi sujeito a um acoplamento de Stille promovido por CsF/CuI com o estanano **46** para obter a dienamida **47**, que foi depois convertida em (+)-crocacina C (**Esquema 54**).[89]

Esquema 54. Acoplamento Stille promovido por CsF/CuI para obtenção de dienamida.

5.3.6. Abordagem de Bressy e Pons (2010)

Bressy e Pons apresentaram uma síntese total convergente e sem grupos protectores da síntese (+)-crocacina C em 2010. A síntese baseou-se na formação da ligação C-C através de um procedimento de acoplamento one-pot de hidroestanilação/Stille entre o intermediário alquino **48** e a cadeia lateral **49** (**Esquema 55**).[90]

Esquema 55. Método de Bressy-Pons para a síntese da enamida em (+)-crocacina C.

5.3.7. A abordagem de Roush (2012)

A síntese total mais recente da (+)-crocacina C foi relatada por Roush no ano de 2012.

Na síntese de Roush da (+)-crocacina C, foi utilizado o acoplamento de Stille entre o iodeto **50** e o estanano **51** para a formação da ligação C-N (**Esquema 56**).[91]

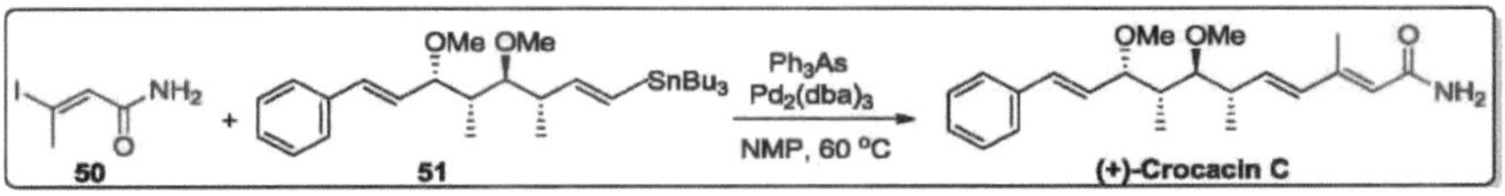

Esquema 56. Abordagem de Roush para a formação de enamida na (+)-crocacina C.

5.4. Sínteses relatadas de (+)-crocacina D

5.4.1. Método de Rizzacasa

Rizzacasa e colaboradores realizaram a primeira síntese total da (+)-crocacina D, na qual o carbamato **56** foi acoplado ao cloreto de acilo **57** utilizando NaHMDS (**Esquema 57**).[92]

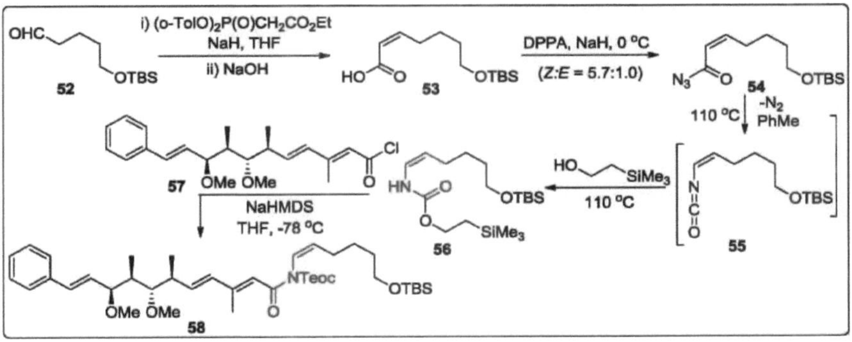

Esquema 57. Método de Rizzacasa para a síntese da enamida em (+)-crocacina D.

5.4.2. A abordagem de Chakraborty

Na síntese total de Chakraborty da (+)-crocacina D, a amina secundária **58** foi acilada com o ácido carboxílico **59** para produzir a amida **60** (**Esquema 58**).[93]

Esquema 58. Método de Chakraborty para a síntese de enamida em (+)-crocacina D.

5.4.3. A abordagem de Dias

Na síntese de Dias, o ácido carboxílico **61** foi acoplado ao éster metílico da glicina **62** para produzir a amida **63**. A proteção Boc da amida secundária, a dessililação e a oxidação cuidadosa do álcool livre conduziram ao intermediário aldeídico **65**. Este último foi submetido a uma olefinação de Stork-Zhao selectiva *(Z)* para obter o iodeto de vinilo **66**, que, após remoção de Boc com TFA, produziu a cadeia lateral desejada **67**. A estratégia final consistiu num acoplamento cruzado mediado por cobre entre o iodeto *de (Z)-vinilo* **67** e a (+)-crocacina C **68** nas condições de Buchwald para obter a (+)-crocacina D (**esquema 59**). [94]

Esquema 59. Síntese de Dias da (+)-crocacina D.

5.5. Um método estereocontrolado para a síntese de cadeias laterais de enamidas modelo presentes em produtos naturais[95]

A maleimida **69**, após redução com NaBH4 na presença de CeCl3 em MeOH a 0 °C, formou o hemiaminal **70** que, após proteção subsequente do grupo hidroxilo utilizando t-BuMe2SiCl e imidazol como base em DMF a 25 °C, levou à formação do **71**. (**Esquema 60**). A formação de ligações C-N entre **71** e os iodetos de vinilo *(Z)*-**72** ou *(E)*-**72** foi efectuada utilizando catalisadores de cobre para obter (*Z*)-**73** (56%) e (*E*)-**73** (72%), respetivamente. Esta reação foi eficientemente realizada utilizando o tiofenocarboxilato de cobre(I) de Liebeskind (CuTc), trans-N,N'-dimetil-1,2-ciclohexanodiamina, K_3PO_4 , e no solvente 1,4-dioxano. Para completar esta reação, a amida **71** foi utilizada em excesso. A configuração (*Z*)- ou (*E*)- da ligação dupla do iodeto de vinilo foi totalmente mantida.

Esquema 60. Síntese do fragmento central.

A desproteção mediada por n-Bu4NF do éter silílico de (*Z*)-**73** e (*E*)-**73** em THF a -20 °C resultou na formação dos hemiaminais (*Z*)-**74** e (*E*)-**74**, respetivamente (**Esquema 61**).

Esquema 61. Síntese dos hemiaminais.

O tratamento dos hemiaminais (*Z*)-**74** e (*E*)-**74** com cloridrato de O-metil-hidroxilamina levou à formação do correspondente éter O-metiloxime aberto em anel (*Z*)-**75**, caraterístico das oximidinas I e II, (*E*)-**74**, caraterístico da oximidina III, lobatamidas A e D, e CJ-12.950 (**Esquema 62**). A utilização de bases mais fortes KOH em vez de Et3N nesta reação levou à abertura do anel na ligação acilo CO-N e à isomerização da ligação dupla do hidroxamato resultante.

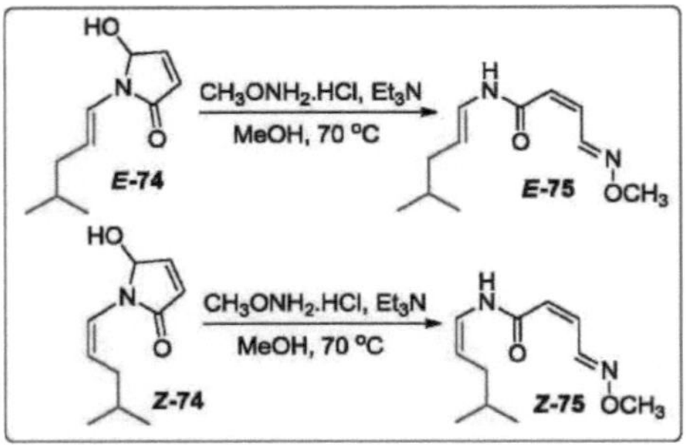

Esquema 62. Síntese da cadeia lateral do produto natural.

A cis-olefinação de Wittig de (*Z*)-**74** e (*E*)-**74** (**Esquema 63**) utilizando propilideno trifosforano decorreu sem problemas em THF a -78-0 °C para obter (*Z*)-**76** em 30 minutos, caraterística da salicilialamida B, e (*E*)-**76**, caraterística da salicilialamida A, respetivamente.

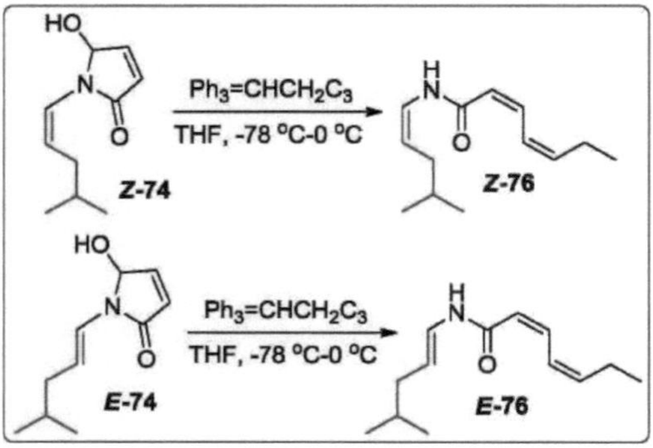

Esquema 63. Síntese da cadeia lateral do produto natural.

6. Referências

1.   (a) Villa MVJ, Targett SM, Barnes JC, Whittingham WG, Marquez R. *Org. Lett.*2007, 9, 1631; (b) Mathieson JE, Crawford JJ, Schmidtmann M, Marquez R. *Org. Biomol. Chem.* 2009, 7, 2170.

2.   Para uma revisão, ver: Yet L. Chem. ReV. 2003, 103, 4283.

3.   Oximidinas I e II: Kim JW, Shin-ya K, Furihata K, Hayakawa Y, Seto H. *J. Org. Chem.* 1999, 64, 153. Oximidina III: Hayakawa Y, Tomikawa T, Shin-ya K, Arao N, Nagai K, Suzuki K-I, Furihata KJ. *Antibiot.* 2003, 56, 905. Para uma abordagem do sistema trieno-lactona da oximidina II, ver: Coleman RS, Garg R. *Org. Lett.* 2001, 3, 3487. Para a primeira síntese total da oximidina II, ver: Wang X, Porco JA, Jr. *J. Am. Chem. Soc.* 2003, 125, 6040.

4.   Erickson KL, Beutler JA, Cardellina JH, II; Boyd MR. *J. Org. Chem.* 1997, 62, 8188.

5.   McKee TC, Galinis DL, Pannell LK, Cardellina JH, II; Laakso J, Ireland CM, Murray L, Capon RJ, Boyd MR. *J. Org. Chem.* 1998, 63, 7805. Galinis DL, McKee TC, Pannell LK, Cardellina JH, III; Boyd MR. *J. Org. Chem.* 1997, 62, 8968.

6.   Para um relatório recente sobre a síntese total da lobatamida C e análogos simplificados, ver: Shen R, Lin CT, Bowman EJ, Bowman BJ, Porco JA, Jr. *J. Am. Chem. Soc.* 2003, 125, 7889.

7.   Kunze B, Jansen R, Ho "fle G, Reichenmach H. *J. Antibiot.* 1994, 47, 881.

8.   Jansen R, Washausen P, Kunze B, Reichenbach H, Ho "fle G. *Eur. J. Org. Chem.* 1999, 1085.

9.   Dekker KA, Aiello RJ, Hirai H, Inagaki T, Sakakibara T, Suzuki Y, Thompson JF, Yamauchi Y, Kojima N. *J. Antibiot.* 1998, 51, 14.

10.   Kunze B, Jansen R, Sasse F, Hofle G, Reichenbach H. *J. Antibiot.* 1998, 51, 1075.

11.   Para a síntese de um análogo truncado em enamida da salicilialamida A, ver: Furstner A, Seidel G, Kindler N. *Tetrahedron* 1999, 55, 8215.

12.   Jansen R, Kunze B, Reichenbach H, Ho "fle G. *Eur. J. Org. Chem. 2000, 913.*

13.   (a) Erickson KL, Beutler JA, Cardellina JH, II; Boyd MR. *J. Org. Chem.* 1997, 62, 8188.

(b) Murray L, Lim TK, Currie G, Capon R. *J. Aust. J. Aust. Chem.* 1995, 48, 1253. (c) McKee TC, Galinis DL, Pannell LK, Cardellina JH, II; Laasko J, Ireland CM, Murray L, Capon RJ, Boyd MR. *J. Org. Chem.* 1998, 63, 7805.

14.   Bayer A, Maier ME. *Tetrahedron* 2004, 60, 6665.

15.   Bhardwaj G, Cameotra SS, Chopra HK. *RSC Adv.*, 2015, 5, 54783.

16.   Savarin CG, Boice GN, Murray JA, Corley E, DiMichele L, Hughes D. Org. Lett. 2006, 8, 3903 e referências aí citadas.

17.   Zhao H, Vandenbossche CP, Koenig SG, Singh SP, Bakale RP. *Org. Lett.* 2008, 10, 505.

18.   (a) Tschaen DM, Abramson L, Cai D, Desmond R, Dolling UH, Frey L, Karady S, Shi Y-J,Verhoeven TR. *J. Org. Chem.* 1995, 60, 4324; (b) Dupau P, Le Gendre P, Bruneau C, Dixneuf PH. *Synlett* 1999, 1832.

19.   (a) Shen R, Porco JA. Jr. *Org. Lett.* 2000, 2, 1333; (b) Jiang L, Job GE, Klapars A, Buchwald SL. *Org. Lett.* 2003, 5, 3667; (c) Coleman RS, Liu P-H. *Org. Lett.* 2004, 6, 577.

20.   (a) Wallace DJ, Klauber DJ, Chen C-Y, Volante RP. *Org. Lett.* 2003, 5, 4749; (b)

A. Klapars, K. R. Campos, C.-Y. Chen, Volante RP. *Org. Lett.* 2005, 7, 1185.

21.   (a) Burk MJ, Casy G, Johnson NB. *J. Org. Chem.* 1998, 63, 6084; (b) Zhu G, Casalnuovo AL, Zhang X. *J. Org. Chem.* 1998, 63, 8100.

22.   Para uma excelente revisão, ver: Tracey MR, Hsung RP, Antoline J, Kurtz KCM, Shen L, Slafer BW, Zhang Y. *Sci. Synth.* 2005, 5, 387.

23.   Shen R, Porco JA. *Org. Lett.* 2000, 2, 1333.

24.   Timokhin VI, Anastasi NR, Stahl SS. *J. Am. Chem. Soc.* 2003, 125, 12996.

25.   Tanaka R, Sato F. *Org. Lett.* 2003, 5, 67

26.   Zezza CA, Smith MB. *Synth. Commun.* 1987, 7, 729.

27.   Wang W, Cai M, Xiong C, Zhang J, Trivedi D, Hruby VJ. *Tetrahedron* 2002, 58, 7365.

28.   Lin S, Yang ZQ, Kwok BHB, Koldobskiy M, Crews CM, Danishefsky SJ. *Am. Chem. Soc.*

2004, 126, 6347.

29. Reeves JT, Tan Z, Han ZS, Li G, Zhang Y, Xu Y, Reeves DC, Gonnella NC, Ma S, Lee H, Lu BZ, Senanayake CH. *Angew. Chem., Int. Ed.* 2012, 51, 1400.

30. Gooßen LJ, Salih KSM, Blanchot M. *Angew. Chem. Int. Ed.* 2008, 47, 8492.

31. Villa MVJ. *Universidade de Glasgow*, Tese de Doutorado 2009.

32. Collier NP, Campbell AD. *J. Org. Chem.* 2002, 67, 1802.

33. Hong BC, Liao J. *Org. Lett.* 2004, 6, 3453.

34. Fuchs JR, Funk RL. *Org. Lett.* 2001, 3, 3349.

35. Jacobi PA, Hauck SIJ. *Org. Chem.* 1996, 61, 5013.

36. Fürstner A, Brehm C, Cancho-Grande Y. *Org. Lett.* 2001, 3, 3955.

37. Gourdet B, Rudkin ME, Watts CA, Lam HW. *J. Org. Chem.* 2009, 74, 7849; (b) Gourdet B, Lam HW. *J. Am. Chem. Soc.* 2009, 131, 3802.

38. Stefanuti I, Smith SA, Taylor RJK. *Tetrahedron Lett.* 2000, 41, 3735.

39. Lone AM, Bhat BA. *Org. Biomol. Chem.* 2014, 12, 242.

40. ArtisKlapars KR, Campos CC, Ralph PV. *Org. Lett.*2005, 7, 1185.

41. Debra JW, David JK, Cheng-yi Chen, Ralph PV. *Org. Lett.*2003, 24, 4749.

42. Robert SC, Pei-Hua L. *Org. Lett.* 2004, 4, 577.

43. Ce'cile GS, Genevie've NB, Jerry AM, Edward C, Lisa D, Dave H. *Org. Lett.*2006, 18, 3903.

44. Matsubara R, Kobayashi S. *Acc. Chem. Res.* 2008, 41, 292.

45. Matsubara R, Vital P, Nakamura Y, Kiyohara H, Kobayashi S. *Tetrahedron* 2004, 60, 9769.

46. Matsubara R, Nakamura Y, Kobayashi S. *Angew. Chem. Int. Ed.*2004, 43, 1679.

47. Kiyohara H, Matsubara R, Kobayashi S. *Org. Lett.* 2006, 8, 5333.

48. Matsubara R, Kobayashi S. *Angew. Chem. Int. Ed.* 2006, 45, 7993.

49. Matsubara R, Nakamura Y, Kobayashi S. *Angew. Chem. Int. Ed.* 2004, 43, 3258.

50. Berthiol F, Matsubara R, Kawai N, Kobayashi S. *Angew. Chem. Int. Ed.* 2007, 46, 7803.

51. Terada M, Soga K, Momiyama N. *Angew. Chem. Int. Ed.* 2008, 47, 4122.

52. Terada M, Machioka K, Sorimachi K. *J. Am. Chem. Soc.* 2007, 129, 10336.

53. Terada M, Sorimachi K. *J. Am. Chem. Soc.* 2007, 129, 292.

54. Jia YX, Zhong J, Zhu SF, Zhang CM, Zhou QL. *Angew. Chem. Int. Ed.* 2007, 46, 5565.

55. Bennasar ML, Roca T, Monerris M, Garcia-Diaz D. *J. Org. Chem.* 2006, 71, 7028.

56. Wu XY, Nilsson P, Larhed M. *J.Org.Chem.*2005, 70, 346.

57. Mo J, Xu L, Xiao J. *J. Am. Chem. Soc.* 2005, 127, 751.

58. Xiong H, Hsung RP, Shen LC, Hahn JM. *Tetrahedron Lett.* 2002, 43, 4449.

59. Harrison TJ, Patrick BO, Dake GR. *Org. Lett.* 2007, 9, 367.

60. Huang Y, Iwama T, Rawal VH. *J. Am. Chem. Soc.* 2000, 122, 7843.

61. Barbazanges M, Meyer C, Cossy J. *Org.Lett.*2007, 9, 3245.

62. Ylioja PM, Mosley AD, Charlot CE, Carbery DR. *Tetrahedron Lett.* 2008, 49, 1111.

63. Huntley RJ, Funk RL.*Org. Lett.* 2006, 8, 3403.

64. Greshock TJ, Funk RL.*Org. Lett.* 2006, 8, 2643.

65. Huntley RJ, Funk RL. *Org. Lett.* 2006, 8, 4775.

66. Nilson MG, Funk RL. *Org. Lett.* 2006, 8, 3833.

67. Taniguchi T, Iwasaki K, Uchiyama M, Tamura O, Ishibashi H. *Org. Lett.* 2005, 7, 4389.

68. Taniguchi T, Tanabe G, Muraoka O, Ishibashi H. *Org. Lett.* 2008, 10, 197.

69. Quiclet-Sire B, Wendeborn F, Zard SZ. *Chem. Commun.* 2002, 2214.

70.   Bach T, Schroder J. *Synthesis* 2001, 1117.

71.   Sivaguru J, Saito H, Poon T, Omonuwa T, Franz R, Jockusch S, Hooper C, Inoue Y, Adam W, Turro NJ. *Org. Lett.* 2005, 7, 2089.

72.   Adam W, Bosio SG, Turro NJ. *J. Am. Chem. Soc.* 2002, 124, 14004.

73.   Movassaghi M, Hilland MD, Ahmad OK. *J. Am. Chem. Soc.* 2007, 129, 10096.

74.   Movassaghi M, Hill MD. *J. Am. Chem. Soc.* 2006, 128, 14254.

75.   Martin R, Cuenca A, Buchwald SL. *Org. Lett.* 2007, 9, 5521.

76.   Rivero MR, Buchwald SL. *Org. Lett.* 2007, 9, 973.

77.   Crawley ML, Goljer I, Jenkins DJ, Mehlmann JF, Nogle L, Dooley R, Mahaney PE. *Org. Lett.* 2006, 8, 5837.

78.   Fuwa H, Sasaki M. *Org. Lett.* 2007, 9, 3347.

79.   Xing L, Li C. *J. Org. Chem.*, 2015, 80, 10000.

80.   Wu J, Xu W, Yu Z-X, Wang J. *J. Am. Chem. Soc.*, 2015, 137, 9489.

81.   Rey-Rodriguez R, Retailleau P, Bonnet P, Gillaizeau I. *Chem. Eur. J.* 2015, 21, 1.

82.   Feutrill JT, Rizzacasa MA. *Aust. J. Chem.* 2003, 56, 783.

83.   Chakraborty TK, Laxman P. *Tetrahedron Lett.* 2003, 44, 4989.

84.   Feutrill JT, Lilly M.J, White JM, Rizzacasa MA. *Tetrahedron* 2008, 64, 4880.

85.   Feutrill JT, Lilly MJ, Rizzacasa MA. *Org. Lett.* 2000, 2, 3365.

86.   Chakraborty TK, Jayaprakash S. *Tetrahedron Lett.* 2001, 42, 497.

87.   Dias LC, de Oliveira LG. *Org. Lett.* 2001, 3, 3951.

88.   Sirasani G, Paul T, Andrade RB. *J. Org. Chem.* 2008, 73, 6386.

89.   (a) Gillis EP, Burke MD. *J. Am. Chem. Soc.* 2007, 129, 6716; (b) Gillis EP, Burke MD. *J. Am. Chem. Soc.* 2008, 130, 14084.

90. Candy M, Audran G, Bienayme H, Bressy C, Pons J-M. *J. Org. Chem.* 2010, 75, 1354.

91. Chen M, Roush WR. *Org. Lett.* 2012, 14, 1880.

92. Feutrill JT, Lilly MJ, Rizzacasa MA. *Org. Lett.* 2002, 4, 525.

93. Chakraborty TK, Laxman P. *Tetrahedron Lett.* 2002, 43, 2645.

94. Dias LC,de Oliveira LG, Vilcachagua JD, Nigsch F. *J. Org. Chem.* 2005, 70, 2225.

95. Robert SC, Pei-Hua L. *Org. Lett.,* 2004, 6, 577.

Lista de abreviaturas

ACN	acetonitrile
Ac$_2$O	acetic anhydride
AcOH	acetic acid
Ar	aryl
aq	aqueous
atm	atmosphere
br	broad
Bu	butyl
t-BuOH	*tert*-butanol
cat	catalytic
CCDC	Cambridge crystallographic data center
CI	chemical ionization
cm	centimeter
t-BuOK	potassium *tert*-butoxide
CDCl$_3$	deutrated chloroform
COSY	correlation spectroscopy
DBU	1,8-diazabicyclo[5.4.0]undec-7-ene
DCM	dichloromethane
dd	doublet of doublet
ddd	boublet of a doublet of a doublet
DEPT	distortionless enhancement by polarization transfer
DIAD	diisobutyl azodicarboxylate
DIBAL-H	diisobutyl aluminium hydride
DMF	N,N-dimethyl formamide
DMSO	dimethyl sulphoxide
ESI-MS	electron spray ionization- mass spectroscopy
Et	ethyl
Et$_3$N	triethyl amine
EtOAc	ethyl acetate

g	gram
Grubbs-I	Grubbs first generation catalyst
Grubbs-II	Grubbs second generation catalyst
GC-MS	gas chromatography- mass spectroscopy
h	hours
HPLC	high performance liquid chromatography
HRMS	high resolution mass spectrometry
Hz	hertz
IBX	iodoxy benzoic acid
^{i}Bu	*iso*-butyl
IR	infrared
J	coupling constant
LAH	lithium aluminium hydride
LDA	lithium diisopropyl amide
LHMDS	lithium hexamethyldisilazamide
liq	liquid
LRMS	low resolution mass spectrum
μM	micromolar
m/z	molecular ion peak
m	multiplet
m-CPBA	*meta*-chloroperbenzoic acid
Me	methyl
MeI	methyl iodide
MeOH	methanol
mg	milligram
ml	millilitre
mmol	millimole
mp	melting point
NMR	nuclear magnetic resonance
NMMO	*N*-methylmorpholine-*N*-oxide
ORTEP	Oak Ridge thermal ellipsoidal plot

PCC	pyridinium chlorochromate
PDC	pyridinium dichromate
Ph	phenyl
py	pyridine
ppm	parts per million
PPTS	pyridinium *p*-toluenesulfonate
rac	racemic
rt	room temperature
NPs	natural products
ppm	parts per million
q	quartet
rt	room temperature
s	singlet
t	triplet
TBAF	tetrabutyl ammonium floride
TBSCl	*tert*-butyldimethylsilyl chloride
THF	tetrahydrofuran
TLC	thin layer chromatography
TMS	trimethylsilane
UV	ultraviolet

Buy your books fast and straightforward online - at one of world's fastest growing online book stores! Environmentally sound due to Print-on-Demand technologies.

Buy your books online at
www.morebooks.shop

Compre os seus livros mais rápido e diretamente na internet, em uma das livrarias on-line com o maior crescimento no mundo! Produção que protege o meio ambiente através das tecnologias de impressão sob demanda.

Compre os seus livros on-line em
www.morebooks.shop

Printed by Books on Demand GmbH, Norderstedt / Germany